Gaston de Saporta

Les anciens Climats et les révolutions atmosphériques

Science

ISBN : 978-1546498681

10 9 8 7 6 5 4 3 2 1

Gaston de Saporta

Les anciens Climats et les révolutions atmosphériques

Science

Table de Matières

Introduction   6

Section I   7

Section II   13

Section III   30

Notes   39

Introduction

L'homme n'a pas encore foulé toutes les parties du sol terrestre ; qu'il s'avance vers les pôles ou qu'il gravisse l'Himalaya, il s'arrête à la fin devant l'obstacle, jusqu'ici insurmontable, que lui oppose le climat, rendu excessif par le froid. L'eau convertie en blocs solides, ou devenue une poussière inerte, rend inaccessibles les points qu'elle occupe dans cet état. Sans eau, aucune vie n'est possible ; toutefois, pas plus que l'eau, la vie ne disparaît brusquement. Sur les limites indécises qui bornent son domaine, elle lutte avec énergie, quoique avec peine, elle se cramponne aux parois abritées de certaines roches, elle se glisse jusque dans la neige fondante avec le *protococcus* ; en un mot, elle se montre partout où le milieu liquide reparaît au moins par intervalles, mais elle s'évanouit inévitablement avec lui. Chargé de glaces permanentes aux pôles et sur la cime des grandes chaînes, le globe, malgré l'énergie vitale qui se manifeste à sa surface, ressemble à un corps dont les extrémités seraient blanchies et paralysées par l'âge. Pour le croire doué des attributs d'une éternelle jeunesse, il faudrait ne pas lever les yeux trop haut ou ne pas les fixer trop loin ; il faudrait surtout se garder d'interroger le passé. Ne serait-ce pas trop exiger de cette ambition de savoir qui possède si bien le cœur de l'homme ?

Si l'on veut au contraire se rendre compte des conditions qui président à la vie, l'exaltent, la maintiennent ou l'affaiblissent, il faut étudier le climat, c'est-à-dire la manière dont la chaleur et l'eau se trouvent distribuées à la surface du globe. Cette distribution, inégale ou même capricieuse en apparence, est cependant soumise à des règles ; elle dépend de certaines causes déterminées ; enfin, et c'est là surtout le phénomène que nous examinerons, elle a changé selon les temps. L'histoire des révolutions du climat, liée à celle des êtres organisés, a été gouvernée par une loi de développement dont l'unité est visible, et qui sans doute a sa raison d'être, bien qu'il soit à peine possible de l'entrevoir. On reconnaît à ce point de vue, comme sous d'autres rapports, que la terre a été jeune, puis adolescente, qu'elle a même traversé l'âge de la maturité ; l'homme est venu sur le tard, alors qu'un commencement de déchéance physique avait frappé le globe qui est devenu son domaine. Exclue de certaines parties, sans connaissance directe des événements qui précédèrent sa venue, notre race s'efforce par tous les moyens de reconquérir l'espace et le temps, le premier en allant jusqu'aux extrémités de la terre, le second en pénétrant les secrets qu'il garde. Nous allons tenter un de ces efforts en recherchant les combinaisons climatériques d'autrefois, combinaisons disparues depuis sous l'empire de circonstances dont il est difficile de percer l'obscurité ; mais avant tout tâchons de saisir la disposition actuelle des climats et la nature des causes, très simples en réalité, de qui relève leur existence.

Section I

La presque totalité de la chaleur que reçoit maintenant la terre à sa surface lui vient du soleil, bien qu'elle possède dans ses profondeurs une chaleur propre, et que l'espace céleste lui-même n'en soit pas entièrement dépourvu. La chaleur de l'espace, toute négative, suffit à peine pour empêcher les régions polaires de se refroidir en hiver au-delà d'une limite de beaucoup inférieure au point de congélation, et la chaleur propre ne devient appréciable qu'au-dessous d'une profondeur d'environ 30 mètres [1]. A la surface, la chaleur solaire est donc seule sensible. ; mais elle serait aussi rapidement dissipée pendant la nuit qu'acquise pendant le jour, si l'atmosphère n'en retenait une partie, ou, pour mieux dire, si l'enveloppe de gaz et de vapeur qui nous entoure ne s'opposait à la déperdition trop subite de la chaleur reçue. Plus l'enveloppe est dense, plus la déperdition est lente et graduelle ; plus elle est rare et subtile, moins elle met d'obstacle au rayonnement, et ce dernier effet se manifeste pour peu que l'on s'élève au-dessus du niveau de la mer. A une hauteur relative assez peu considérable, l'air n'absorbe plus qu'une faible quantité de chaleur solaire et la perd très rapidement. De là le froid des régions montagneuses. L'altitude suffit pour annuler tous les effets du climat ; seulement ces effets persistent plus ou moins, suivant que la température de la surface est plus ou moins chaude. Sous les tropiques, la limite des neiges éternelles est placée entre 4,800 et 5,500 mètres ; dans l'Europe centrale, elle commence à 3,000 mètres ; en Laponie, elle descend à 1,200 mètres, et s'abaisse dans le Spitzberg de manière à atteindre presque le niveau de la mer. Le froid polaire et le froid altitudinaire se confondent ainsi ; l'air, dans la zone glaciale, s'échauffe à peine au contact des rayons solaires, il n'y perçoit qu'une lumière dispensée par intermittence, absente durant une partie de l'année, oblique et sans intensité pendant l'autre partie. Cette succession incessamment répétée de lumière et d'obscurité, qui nous paraît si naturelle, s'efface graduellement vers le pôle, où les jours et les nuits, agrandis démesurément, se changent en deux saisons extrêmes, séparées par une série de crépuscules. Nous resterions surpris de l'annonce seule de ces phénomènes, si la géographie ne nous les rendait familiers dès l'enfance ; chez les Grecs du temps d'Hérodote, la notion légendaire en arrivait aux peuples des bords de la Méditerranée, pêle-mêle avec les fables les plus chimériques. On sait que la cause du climat polaire est due à l'*inclinaison de l'axe terrestre sur le plan de l'orbite.* Par le seul effet de cette inclinaison de l'axe qui reste parallèle à lui-même, c'est-à-dire qui garde une même direction immuable dans espace céleste, les jours et les nuits se succèdent, égaux à l'équateur seulement, faiblement inégaux jusqu'aux tropiques, de plus en plus inégaux à mesure que l'on s'avance vers les pôles ; les longs jours de l'été répondent exactement aux longues nuits de l'hiver, et l'hiver de l'un des deux hémisphères à l'été de l'hémisphère opposé, — tandis que dans l'intervalle qui sépare les deux saisons extrêmes viennent placer les équinoxes, seuls moments où le jour et la nuit s'égalisent par toute la terre avant de croître ou de diminuer alternativement. L'obliquité des rayons solaires ou, ce qui revient au même, l'essor de l'astre central sur l'horizon se trouve en rapport nécessaire, avec cette : inégalité des jours et des saisons ; atteignant le zénith sous la zone torride seulement, on voit le soleil, sous les zones tempérées s'éloigner de plus en plus de la verticale en décrivant des arcs de cercle de moins en moins élevés, jusqu'à ce qu'au-delà des cercles polaires il disparaisse entièrement pendant l'hiver et cesse de se coucher en été. Il rase alors l'horizon en répandant une lumière dont la continuité même est impuissante à corriger la faiblesse, tandis que des brumes incessantes et des tourmentes de neige en voilent la tardive et courte splendeur. La progression des jours et des nuits polaires est du reste des plus rapides quand on s'avance d'un lieu donné vers un autre plus reculé vers le nord. Le jour de vingt-quatre heures, commence un peu au-delà de Tornea, où, une fois dans l'année, on aperçoit le soleil de minuit ; au Cap-Nord, par 71°,12' lat., le jour estival est déjà de deux mois ; il est de quatre mois au Spitzberg vers le 78° degré latitude. Il est vrai que dans ce dernier pays le soleil s'élève au plus de 37 degrés au-dessus de l'horizon ; il n'envoie que des rayons sans chaleur, *telun imbelle. sine ictu* ; il éclaire de sa lueur pâle une terre glacée où frissonnent quelques rares plantes ensevelies sous les frimas, et qui ne sortent du sommeil qui les tient dix mois inertes que pour accomplir hâtivement leurs fonctions vitales et se rendormir de nouveau. Quel tableau, si l'on songe aux forêts vierges du Brésil et de Java, aux vallées profondes du Népaul, aux savanes noyées de l'Orénoque, où la vie surabonde, où une lumière ardente, vive et dorée, ondule de toutes parts, soulève de tièdes vapeurs, joue avec l'ombre et fait resplendir les formes des plus merveilleux végétaux ! Sous les tropiques, l'homme se sent écrasé par une vie exubérante ; il lutte incessamment pour maintenir sa place au milieu de la nature dont il est dominé ; ses plus fortes œuvres sont envahies en peu de temps ; les arbres immenses reprennent possession du sol, dès que celui-ci est abandonné à lui-même. Dans l'extrême nord, la faiblesse de l'homme est encore plus évidente, mais c'est du poids de la nature inerte qu'il est accablé. Les éléments règnent seuls dans ces régions dévastées, où l'atmosphère se trouve livrée à d'épouvantables tourmentes. La neige dérobe les aspérités du sol, la glace couvre la mer d'un sol factice, souvent mobile et toujours dangereux ; la confusion est partout, le calme nulle part ; chaque pas est pénible, la vie elle-même devient un effort que l'énergie la mieux trempée ne peut soutenir longtemps sans succomber. Ce sont là des contrastes inouïs, mais ce ne sont pas les seuls. Si la terre à sa surface avait partout le même aspect et les mêmes accidents, les jours et les climats seraient disposés dans un ordre régulier de l'équateur au pôle. On passerait à l'aide d'insensibles transitions de l'extrême chaleur à l'extrême froid, du jour constant de douze heures au jour semestriel du 90e degré. Il suffirait dès lors de savoir la latitude d'un lieu pour en connaître le climat. Il est très loin d'en être ainsi dans la réalité ; les terres et les mers, les déserts froids ou brûlants, les plateaux élevés, les bassins intérieurs, les chaînes de montagnes et les fleuves sont distribués de la façon la plus irrégulière, et de cette irrégularité naissent des influences de toute sorte qui aggravent ou corrigent, effacent ou modifient profondément les effets de la latitude, c'est-à-dire dérangent les climats astronomiques et normaux pour en créer d'artificiels plus ou moins différents des premiers. Les courants atmosphériques et les courants marins constituent les plus puissantes de ces influences combinées. Ils ont pour résultat d'empêcher les lignes isothermes, c'est-à-dire celles qui passent par les lieux dont la température est la même, de coïncider avec les parallèles, et leur font décrire les courbes les plus capricieuses. Il suffit de l'existence, dans l'Océan-Atlantique, d'un courant d'eau chaude, le *gulf-stream*, pour relever tous les isothermes le long des plages exposées à son influence et les reporter de 10 degrés plus au nord, tandis qu'on les voit s'abaisser en sens inverse dans l'intérieur des deux continents. Il existe une très grande différence entre les climats maritimes, c'est-à-dire ceux des terres que la mer baigne, et les climats continentaux, c'est-à-dire ceux des régions méditerranéennes. Les premiers sont exempts de saisons extrêmes, les conditions tendent à s'y égaliser ; l'humidité y est plus constante et la chaleur plus modérée. Les climats continentaux sont au contraire excessifs, les hivers y sont froids et les étés brûlants, les pluies y sont rares ou intermittentes. Certaines contrées, comme le Sahara, l'Arabie déserte et le désert de Gobi, sont même privées de pluies et presque dépourvues d'êtres vivants non plus par l'effet du froid, mais par l'absence d'eau ; l'eau et la chaleur sont effectivement les deux éléments dont l'union féconde engendre nécessairement la vie ou du moins la rend possible.

Ce rapide exposé permet de comprendre la nature et le rôle des éléments qui concourent à former le climat, ou, pour mieux dire ; des facteurs d'où il résulte dans sa diversité. Le soleil fournit la chaleur, la position de l'axe détermine l'angle sous lequel le globe la perçoit, et l'atmosphère, suivant sa densité relative, l'absorbe plus ou moins et l'empêche de se dissiper. Le rôle de ces trois facteurs étant parfaitement déterminé, on conçoit très bien qu'il suffise de changer l'un d'eux pour renverser la proportion et produire des combinaisons entièrement différentes. C'est effectivement ce qui se passe sous nos yeux lorsqu'on s'élève sur les hautes montagnes, où la raréfaction de l'air lui enlève une partie de son pouvoir calorifique. Au pied de l'Himalaya, dans les plaines de l'Inde, la végétation conserve son caractère tropical jusqu'à 1,000 mètres ;

à 2,000 mètres, la neige est encore inconnue, mais les palmiers et les bananiers disparaissent, tandis que les chênes et les plus commencent à se montrer ; moyenne de chaleur annuelle est alors de 14 degrés centigrades, à peu près celle du midi de la France. A 3,000 mètres d'altitude, la neige tombe en hiver, mais elle fond presque aussitôt ; les sapins se mêlent aux arbres à feuilles caduques, et le paysage rappelle celui des plaines de l'Europe centrale. Vers 3,500 mètres s'étend la région des cèdres, et au-dessus celle des bouleaux, qui ne se termine entièrement que vers 5,000 mètres d'altitude. A cette élévation, déjà supérieure à celle du Mont-Blanc, le seigle est encore cultivé ; certaines plantes dépassent même cette limite de quelques centaines de mètres et parviennent jusqu'à la limite des neiges permanentes. — A 5,500 ou 5,800 mètres, les dernières traces de la vie ont disparu, en Amérique comme en Asie, et la glace remplace tout. La seule raréfaction de l'air amène ces changements sur une hauteur verticale relativement assez faible, si on la compare à l'étendue totale de l'atmosphère, évaluée au moins à 30 kilomètres. Il suffirait donc d'augmenter la densité des couches aériennes pour accroître immédiatement l'étendue verticale du domaine de la vie.

On verrait se produire des modifications analogues, s'il était permis de supposer un changement quelconque dans la nature des deux autres facteurs, et que la chaleur solaire pût gagner ou perdre en intensité, ou qu'elle nous fût déversée sous un angle différent par suite d'une autre direction de l'axe. Ces hypothèses semblent purement gratuites, puisque rien n'en justifie l'admissibilité, et cependant elles nous font toucher au cœur même de notre sujet, aux variations passées du climat. En établissant le fait de ces variations, nous saurons par cela même que l'un des trois facteurs a dû nécessairement changer, et que la source calorique, la direction de l'axe et la composition de l'atmosphère n'ont pu évidemment rester dans les mêmes termes relatifs ; sans cela, les variations climatériques auraient été nulles, ou tout au moins elles auraient été renfermées dans d'étroites limites. Les astronomes établissent que la direction de l'axe terrestre, sauf le petit mouvement oscillatoire nommé *nutation*, a dû rester immuable depuis l'origine même de la rotation de notre globe ; mais, invariable pour chaque planète en particulier, la direction de l'axe n'est rien moins qu'uniforme pour l'ensemble du système solaire, et les diversités que présentent sous ce rapport plusieurs planètes comparées à la nôtre nous fournissent le tableau véritable de ce que celle-ci serait, si par impossible l'axe de rotation s'était redressé ou incliné par rapport à ce qu'il est aujourd'hui. Si l'axe terrestre, au lieu de couper obliquement le plan de : l'orbite, était dirigé parallèlement à ce plan, et qu'aux solstices l'un des pôles eût le soleil à son zénith, quelle perturbation profonde ne résulterait-il pas de cette disposition que présente, à peu de chose près, la planète Mercure ! Le cercle polaire se confondrait avec l'équateur et les tropiques avec le pôle ; une fois par an, le soleil éclairerait chaque pôle ; les deux hémisphères distribués dès l'équateur, comme le sont maintenant les seules zones glaciales, c'est-à-dire par climats de jours et de mois, auraient tour à tour des étés brûlants et des hivers glacés, tandis que vers l'équateur le soleil, vertical aux équinoxes, raserait l'horizon aux solstices, ainsi qu'il le fait aux pôles. Les contrées voisines de l'équateur seraient seules habitables, à ce qu'il semble, sur une terre construite de cette façon, car les-alternatives de chaleur tropicale et d'obscurité glacée. qui seraient propres aux alentours des pôles et à la plus grande partie de notre zone tempérée feraient de dures conditions aux êtres vivants qui y seraient fixés. Le climat d'un globe pareil serait excessif. — Il serait tout autre, si l'axe, entièrement redressé, comme dans Jupiter, devenait perpendiculaire au plan de l'orbite ; le jour et la nuit n'auraient alors d'inégalité nulle part, tandis qu'aux pôles la même clarté se maintiendrait toute l'année à l'état de crépuscule. Avec l'axe vertical, les latitudes existeraient, plus régulières seulement qu'aujourd'hui, et les différences de climat ne tiendraient qu'à l'obliquité croissante des rayons solaires à mesure que l'on s'avancerait vers les pôles, ces rayons n'étant verticaux qu'à l'équateur. Dans ces conditions, la zone équatoriale percevrait une somme de chaleur égale à celle qui lui est maintenant départie ; les nuits n'étant longues nulle part, nulle part aussi la terre ne se refroidirait assez pour présenter des glaces polaires, tandis que les courants marins et atmosphériques tendraient à uniformiser partout les climats. Les zones moyennes sur un globe ainsi disposé auraient une température douce, mais sans chaleur, et les régions polaires, faiblement, mais sans cesse éclairées, seraient enveloppées d'un voile de vapeurs brumeuses.

Gaston de Saporta

Ces hypothèses cosmiques reposent pourtant sur des fondements sérieux, puisque l'astronomie en atteste la réalité pour d'autres astres que le nôtre. Nous n'avons pas le droit d'avancer, il est vrai, que la terre ait traversé de pareils états et que l'axe du globe ait jamais subi des déplacements. Ce serait une conjecture que la science positive combattrait, et qui d'ailleurs ne serait appuyée par aucun indice direct. Le phénomène est par lui-même des plus complexes, la direction de l'axe, nous l'avons vu, n'est qu'un des termes de la question ; s'il est resté immuable, l'atmosphère et la chaleur émise par le soleil ont pu varier dans de larges limites ; mais, avant de chercher des explications au phénomène, il faut connaître en quoi il consiste et quels sont par conséquent les changements qui se sont opérés dans les climats terrestres, dans quel temps ils se sont produits, et quelle marche ils ont suivie.

Section II

L'idée confuse que la terre a plusieurs fois changé d'aspect, de climats et d'habitants est ancienne et pour ainsi dire légendaire. On la découvre dans l'âge d'or des poètes, dans les tableaux du paradis terrestre, dans les rénovations cosmiques de Platon, enfin dans cette opinion populaire souvent répétée, que certaines cultures tendent à reculer de siècle en siècle par suite d'un abaissement graduel de la température. Arago, reprenant cette thèse pour la combattre dans l'*Annuaire du Bureau des longitudes* de 1834, s'est attaché à prouver au contraire que, depuis les temps historiques les plus reculés, la Syrie et l'Égypte ont gardé absolument le même climat, puisque maintenant comme autrefois la vigne et le palmier y mûrissent simultanément leurs fruits, tandis qu'il aurait suffi d'une faible modification calorique en plus ou en moins pour exclure l'une ou l'autre de ces deux essences. Les observations d'Arago, adoptées depuis par Forbes, sont justes, si l'on considère les quatre ou cinq mille ans auxquels elles s'appliquent ; mais les découvertes de ces dernières années n'en démontrent pas moins qu'en s'écartant un peu au-delà de cette limite dans le passé, on remarque des vestiges de changements climatériques considérables. Pour cela, il n'est pas nécessaire de s'adresser aux époques géologiques les plus anciennes : ces sortes d'indices sont bien plus récents, et, pour les constater, il suffit de se reporter à un temps déjà éloigné, si l'on compte les siècles, mais d'un éloignement relatif très modéré en définitive, car la présence de l'homme y a été signalée avec certitude.

Lorsqu'on s'attache à l'ensemble de cette période que les géologues ont nommé *quaternaire*, on est frappé de l'accroissement très sensible de l'humidité sur toute la face de notre hémisphère et probablement dans le monde entier par rapport à l'état hygrométrique actuel. En Europe, les fleuves ne sont que des ruisseaux en comparaison de ce qu'ils étaient alors. La plupart, réduits à un mince filet d'eau, se sont creusé un sillon au milieu des déjections de l'ancien lit. Les berges actuelles montrent sur leur tranche des lits horizontaux de sable, d'argile et de cailloux roulés ; comme ces lits se correspondent exactement d'un bord à l'autre, il est aisé de rétablir leur continuité et de reconstituer l'ancien fleuve. On reconnaît souvent alors qu'il remplissait la vallée entière, là où son courant cache maintenant à un niveau inférieur le volume amoindri de ses eaux. Il en est ainsi non-seulement du Rhône et du Rhin, qui descendent des Alpes, mais encore de la Seine, de la Somme et de leurs moindres affluents. L'Yonne, aujourd'hui faible rivière, a charrié autrefois jusqu'à Auxerre des blocs entraînés des hauteurs du Morvan. La Crau de Provence n'est que l'embouchure du Rhône primitif ; elle s'étendait sans discontinuité des environs d'Istres et de Fez jusque dans l'Hérault. Sur tout cet espace, d'énormes cailloux roulés de quartzite alpin attestent la puissance des anciennes eaux. Quelle force d'impulsion ne leur fallait-il pas pour remuer et polir de pareilles masses et les mouvoir, sur un plan très peu incliné, à plus de soixante lieues de leur gisement d'origine ! Ce n'étaient pas seulement les courants, c'était encore les sources qui répondaient à cette extrême abondance des eaux. Un ingénieur de mérite, M. Belgrand, a remarqué que, même aux environs de Paris, où le climat est demeuré relativement humide, leur point actuel d'émergence était toujours inférieur au niveau du surgissement primitif ; leur volume est aussi bien diminué, et le premier phénomène est la conséquence du second. En effet, on conçoit que les sources en s'affaiblissant coulent toujours en contrebas de l'endroit où elles jaillissent, lorsqu'elles sont dans toute leur force. Sur tout le sol français, dans l'Europe méridionale et jusqu'en Algérie, les anciennes sources, déchues de leur puissance, ont laissé des vestiges grandioses de ce qu'elles ont été ; ce sont les dépôts de tufs qu'elles ont accumulés. Ces tufs constituent parfois de véritables montagnes ou de vastes-plateaux. L'abondance des eaux était alors universelle. Les mêmes phénomènes, plus marqués encore par le contraste de l'état antérieur avec l'état actuel, ont été observés en Égypte, en Syrie et en Arabie, régions où de nos jours les pluies sont rares ou même inconnues. Qui n'a entendu parler des *fleuves sans eau* des déserts égyptiens ? M. Louis Lartet a signalé dernièrement de nombreux indices d'anciennes sources et d'anciens courants sur le rivage occidental de la Mer-Morte [2]. L'abaissement successif du niveau de cette mer est uniquement dû à la pénurie des eaux, jadis bien plus abondantes, ainsi que le prouve la disproportion des rivières actuelles, presque toujours à sec, avec la grandeur de leur lit et les alluvions auxquelles elles ont originairement donné lieu [3]. Le missionnaire Huc, en traversant l'Asie centrale, a été frappé du même spectacle. Il est impossible de ne pas conclure de tous ces faits que l'humidité générale a été beaucoup plus considérable à une époque immédiatement antérieure à la nôtre, et que cette humidité correspondait sans doute à une autre nature de climat.

Il s'agit de rechercher quel était ce climat. Était-il plus chaud ou plus rigoureux que le nôtre ? *A priori* et en dehors de toute autre considération, l'abondance des eaux impliquerait l'existence d'un climat égal et tempéré, puisque sous nos yeux l'extrême humidité amène le plus souvent ce résultat. Cependant deux écoles se sont formées et ont posé des conclusions contradictoires, au moins en apparence.

L'étude des anciens glaciers est certainement une de celles qui honorent le plus l'esprit scientifique de notre temps. Les noms d'Agassiz, Escher de la Linth, Sartorius, Martins, Desor et de bien d'autres y demeurent attachés ; c'est elle qui a donné la clé du transport des blocs erratiques dans le nord de l'Europe aussi bien que dans la région des Alpes. Elle a fait voir qu'à un moment donné les glaciers du Mont-Blanc s'étendaient jusqu'au Jura, peut-être même jusqu'auprès de Lyon. Les Vosges avaient leurs glaciers ; celui d'Argelès, dans les Pyrénées, décrit par MM. Martins et Collomb, présentait des dimensions colossales ; il en a été signalé des vestiges authentiques jusque dans la Lozère. La Scandinavie, se dressant alors au sein de la Baltique, comme le fait le Spitzberg dans l'Océan-Boréal, prolongeait jusqu'à la mer les parties inférieures de ses glaciers.

C'est donc justement que la période correspondant à ces phénomènes a pris le nom de *glaciaire*, c'est bien la période des glaciers, rien de moins contestable, et les glaciers modernes ne sont que les restes amoindris de ceux d'autrefois ; mais on a été plus loin, on a voulu inférer de tous ces faits l'existence d'une période de refroidissement et en étendre les effets à la terre entière. Le célèbre Lyell en Angleterre, Escher et Heer en Suisse, remarquant sur bien des points les traces du froid et des phénomènes qui lui servent d'indice, ont été portés à en généraliser l'existence. Voici les raisons qu'ils donnent : les rennes, les bœufs musqués, les marmottes, animaux maintenant relégués sur les hautes montagnes ou dans l'extrême nord habitaient alors les plaines de L'Europe centrale ; les coquilles arctiques peuplaient les mers d'Angleterre ; le pin des tourbières, les sapins, les bouleaux, les mousses des régions froides formaient le fond de la végétation ; les plantes de Laponie et de Norvège étaient sans doute répandues partout : ce sont elles justement que l'on rencontre au sommet des Alpes où elles ont dû se réfugier lorsque la température s'est adoucie de nouveau. Les grands animaux de cette époque, comme le mammouth et le rhinocéros à narines cloisonnées, étaient construits pour supporter un froid rigoureux, ainsi que l'atteste la toison épaisse dont ils étaient revêtus. D'ailleurs à quoi comparer l'Europe d'alors, sinon aux terres arctiques. Non-seulement. l'analogie est frappante sous le rapport physique, mais ; les ; animaux et les plantes se trouvent en partie les mêmes.

Ce point de vue est celui où se place M. Heer dans son livre sur la *Suisse primitive*, et qu'a développé M. Martins, bien qu'avec plus de réserve, dans une série d'études remarquables insérées ici même [4] ; Lorsqu'on y réfléchit cependant, il paraît difficile da comprendre comment une époque aussi rigoureuse aurait coïncide justement avec le premier essor de la race humaine. On peut se dire aussi que les contrées alors soumises à l'action directe des glaciers, comme les massifs alpins et pyrénéens, ne sont guère susceptibles de nous instruire du véritable état de choses qui régnait dans le reste de l'Europe, pas plus que les abords immédiats des glaciers actuels ne donneraient la mesure des conditions climatériques propres à l'ensemble de notre continent. Du reste il est vraisemblable aussi que les troupeaux de rennes n'ont été refoulés par-delà le cercle polaire, de même que le chamois sur le sommet des Alpes, que par le fait de l'homme. Sans lui, cas animaux fréquenteraient les plaines, au moins pendant l'hiver, et dès que l'on admet une extension énorme des glaciers, y a-t-il lieu de s'étonner que les animaux et les plantes attachés à leur voisinage aient pu descendre avec eux jusque dans les vallées inférieures ? Enfin les découvertes, en se multipliant, ont permis d'alléguer des faits entièrement contraires. Les restes de grands animaux recueillis dans les alluvions anciennes de la Seine et de la Somme, déterminés, avec soin par M. E. Lartet. et par M. A. Gaudry, ont démontré que les espèces considérées comme étant l'indice d'un climat très froid se trouvaient associées à d'autres d'un caractère tout opposé. A côté du mammouth, on a rencontré l'éléphant antique, qui se rapprochait de celui de l'Inde ; l'hippopotame des fleuves africains peuplait les eaux de la Seine dans ce même temps représenté comme.si froid, tandis qu'une coquille remarquable des bords du Nil (*cyrene fluminalis*) se montrait dans la Somme, et que l'hyène du Cap fréquentait la France méridionale. L'examen de la végétation forestière, dont les tufs contemporains de ces animaux renferment beaucoup de débris, conduit aux mêmes résultats : la vigne, le laurier et le figuier s'y présentent en abondance dans le midi de la France ; on y rencontre même le laurier des Canaries, bien plus délicat que le nôtre. Les arbres du nord à la même époque étaient des pins, des tilleuls, des érables, des chênes.

Il est impossible de se refuser à l'évidence, le climat comme les animaux et les plantes arctiques n'existaient alors que dans le voisinage des glaciers eux-mêmes. En les quittant, on aurait rencontré au sein des vallées inférieures un climat plus doux, mais aussi bien plus humide que le nôtre. Entre des manières devoir si divergentes, la conciliation n'est pas impossible depuis que le docteur Hochstetter a rendu compte des observations de M. Haast sur les glaciers de la Nouvelle-Zélande. Ces glaciers, situés sous une latitude moins avancée que ceux de nos Alpes et disposés sur les flancs de cimes bien moins élevées, descendent pourtant beaucoup plus bas au fond de vallées dont le climat est à la fois très tempéré et très humide. Des essences délicates, mêmes des fougères en arbre, peuplent ces vallées de la Nouvelle-Zélande à une faible distance des masses glacées, et les deux extrêmes se rencontrent. C'est donc à ce dernier résultat que nous amènent toutes les considérations réunies : beaucoup plus d'humidité, mais aussi plus d'égalité et même d'élévation caloriques dans le climat, dès que l'on s'enfonce dans le passé de notre globe. C'est un premier point qui demeure acquis ; mais tous les autres vont suivre, et nous les verrons s'enchaîner dans une progression constante et régulière. Le mouvement en effet ne s'arrête pas, et de plus il n'a rien d'oscillatoire ; il se déroule en remontant d'âge en âge par une marche que rien ne semble entraver.

Nous n'avons effectivement qu'à nous transporter un peu plus loin dans l'époque immédiatement antérieure à l'extension de la race humaine [5], pour constater le progrès manifeste de la chaleur. La moyenne de chaleur annuelle indispensable pour faire végéter les lauriers, les vignes et les figuiers que nous venons d'observer en Provence pendant le *quaternaire*, ne saurait être évaluée à moins de 15 degrés centigrades. En nous plaçant en pleine période *pliocène*, c'est auprès de Lyon que nous rencontrons ces mêmes végétaux, auxquels il faut en ajouter d'autres d'un caractère encore plus méridional. Le laurier-rose fleurissait alors sur les bords de la Saône et s'y mariait au laurier des Canaries, au bambou, au magnolia, au chêne vert. Cet ensemble, composé d'essences dont les exigences climatériques sont faciles à apprécier, assigne à la contrée qui les voyait croître une moyenne annuelle de 18 degrés centigrades. La moyenne actuelle de Lyon étant de 11 degrés centigrades seulement, on peut aisément juger de la différence qui sépare les deux époques. Cette différence ne saurait d'ailleurs être fixée d'une façon plus précise, puisque l'on connaît très bien le degré de chaleur nécessaire pour que le laurier-rose développe ses fleurs et le degré de froid suffisant pour faire périr le laurier des Canaries. Le climat qui permettait à ces deux arbres d'être réunis dans une même contrée peut être défini avec autant de certitude que s'il s'agissait de celui d'un pays que nous habiterions.

Il est vrai qu'au moment où les espèces actuelles disparaissent pour faire place à d'autres plus ou moins éloignées des premières ou même ayant appartenu à des genres particuliers, il est plus difficile de se prononcer sur la nature du climat contemporain de ces espèces ; les conclusions que l'on proclame devraient, à ce qu'il semble, perdre de leur netteté dès que les indices sur lesquels le calcul se base deviennent moins précis. En réalité, le fil de l'analogie est un guide tellement sûr, un moyen d'investigation si puissant, qu'il s'amincit sans se rompre, et que l'observateur qui en est muni, même en accordant une large part à l'incertitude, parvient encore à de surprenants résultats. En effet, ce sont non pas seulement les espèces, mais encore les genres et les familles dont les aptitudes, lorsqu'elles sont bien déterminées, permettent de définir la nature de climat propre au temps où ils ont vécu. Les palmiers, les camphriers, les cannelliers, les bananiers, les dragonniers, les baquois, les cycadées et plusieurs autres catégories de végétaux sont trop exclusivement caractéristiques des régions chaudes pour ne pas trahir les mêmes exigences dans le passé. Le naturaliste qui constate l'existence de l'un de ces groupes ne saurait donc errer que dans de faibles limites, et dans un pareil ordre de recherches c'est déjà beaucoup que d'atteindre à la vérité approximative.

Non-seulement le chiffre qui exprime le climat de Lyon à l'époque *pliocène* se trouve plus élevé que celui qui s'appliquait aux environs de Marseille pour l'époque *quaternaire*, mais, au lieu de correspondre au 43e degré de latitude, ce chiffre plus élevé coïncide avec le 46e ; il marque ainsi une progression de la chaleur, ou *processus calorique*, dans le sens des latitudes, qui tend à repousser vers le nord les hautes températures à mesure que l'on s'enfonce dans le passé. Cette progression est naturellement bien plus sensible lorsqu'on aborde le *miocène*, période antérieure au *pliocène*, et précédée elle-même d'une période plus chaude encore que l'on désigne sous le nom d'*éocène*.

Ici les documents abondent dans l'hémisphère boréal tout entier. Ce n'est plus un point isolé comme Lyon dont il est possible de déterminer le climat, c'est la série presque entière de latitudes, du 40e au 80e degré, que l'on a réussi à reconstruire, grâce aux immenses travaux poursuivis par M. Heer depuis dix ans. Une circonstance heureuse est venue accroître le nombre et la valeur des documents relatifs au climat *miocène*, ce sont les découvertes de plantes fossiles faites sur plusieurs points des régions polaires, et qui devront à raison de leur importance nous arrêter quelque peu.

Les terres polaires arctiques sont disposées au nord des deux continents de manière à circonscrire une grande mer intérieure dont la partie centrale, jusqu'à présent inaccessible, comprend le pôle lui-même. Cette mer communique avec l'Océan-Pacifique par le détroit de Behring, avec l'Atlantique par plusieurs passes. La plus large, située entre l'Islande et la Norvège, donne accès vers l'archipel du Spitzberg, dont la pointe septentrionale dépasse au nord le 80e parallèle, et marque jusqu'ici le point le plus avancé qu'il ait été donné à l'homme d'atteindre. La plus grande largeur de cette mer, en la supposant libre vers son milieu, mesurerait environ 40 degrés ou plus de 1,000 lieues entre le Cap-Nord et le détroit de Behring. Cette largeur serait de 30 degrés seulement en partant du cap Taymir, à l'extrémité de la Sibérie, pour aller aboutir à l'embouchure du fleuve Mackensie, sur la côte américaine opposée. Au point de vue climatologique, la région polaire est circonscrite de tous côtés, vers le sud par une ligne imaginaire, sinueuse, et qui Coïncide très imparfaitement avec le cercle polaire. Cette ligne passe par tous les lieux où la moyenne de chaleur annuelle se réduit à 0 degré, c'est-à-dire où le froid hibernal est assez fort pour annuler la chaleur de l'été. La limite de la végétation arborescente dessine une ligne généralement intérieure par rapport à la précédente, sinueuse et irrégulière comme elle, en-deçà de laquelle on ne rencontre plus que des plantes herbacées, et qui constitue en réalité la véritable frontière de la région arctique [6] les parties boréales de la Sibérie, du Canada et de l'Amérique anglaise sont ainsi englobées dans les parages qui cernent cette méditerranée du nord, et lui font une enceinte non-seulement sans verdure, mais pour ainsi dire sans rivages, puisque les glaces en s'accumulant cachent partout la limite réciproque des terres et des mers.

On est resté longtemps en effet sans pouvoir déterminer d'une façon exacte la nature et l'étendue des archipels compliqués dont cette mer est parsemée. Nous connaissons le Spitzberg, situé sur le prolongement de la Scandinavie, et l'Islande, placée beaucoup plus au sud, presque en dehors du cercle polaire. A l'ouest de ces îles s'étend le Groenland, sorte de petit continent polaire, plus grand que l'Italie, la France et l'Allemagne réunies, et dont la terminaison septentrionale n'est pas encore bien fixée. A l'occident du Groenland, la baie de Baffin, dans laquelle on pénètre au sud par le large détroit de Davis, et que ferme au nord le détroit de Smith, forme une mer particulière, limitée sur le bord occidental par de grandes îles que divisent des passes étroites et sinueuses, le plus souvent soudées par des glaces. Une d'elles, plus large et plus praticable, constitue le canal de Lancastre, par. où l'on aboutit au détroit de Barrow, et par celui-ci enfin à une autre mer intérieure, moins étendue que la baie de Baffin, et qu'entourent plusieurs archipels. C'est au nord l'archipel des îles Parry avec les trois grandes îles Bathurst, Melville et Prince-Patrick, à l'ouest la terre de Banks et celle du Prince-Albert, et au sud-est, presque à l'entrée du détroit de Barrow, l'île Sommerset et celle du Prince-de-Galles. En sortant par le détroit de Banks, situé entre l'île de ce nom et celle de Melville, si l'on dépasse l'île de Prince-Patrick, on retrouve, à ce qu'il paraît, la mer libre ; mais ce mot de libre peut-il être employé ? Les voyageurs qui, au péril de leur vie, comme Ross, Parry, Mac-Clure et Ingefield, ou en la sacrifiant, comme Franklin et Bel lot, ont exploré ces régions, ont toujours vu la mer se fermer à la fin devant eux. Ce n'est qu'au prix de fatigues inouïes, en hivernant chaque année, en choisissant même la saison froide pour parcourir en traîneau d'immenses étendues glacées, qu'ils ont pu enfin relever les traits géographiques de ces régions et former des collections d'histoire naturelle dont les musées de Londres, de Dublin, de Copenhague et de Stockholm ont recueilli la meilleure part. On conçoit combien sur ces terres désolées, où les épaves de la mer offrent le seul moyen de se procurer du bois, la vue des restes évidents d'une puissante végétation a dû frapper tous les voyageurs. Les troncs fossiles, tantôt à demi charbonnés, tantôt pénétrés de sucs calcaires on ferrugineux, ont presque partout conservé leur apparence ; ils semblent parfois entassés régulièrement par la main du bûcheron qui les aurait coupés ; les feuilles, les fruits, à l'état d'empreintes, ont encore leur forme et leurs nervures. A les voir accumulés en si grand nombre, on croirait fouler le sol d'une forêt récemment dépouillée. Mac-Clure et le docteur Amstrong parlent avec étonnement, dans leurs relations, des amas de bois à moitié pétrifiés qu'ils rencontrèrent sur la côte nord-ouest de la terre de Banks. Ces bois couvraient les flancs d'une série de collines solitaires, au fond d'un paysage tristement encadré par un entassement confus de pics bizarres dont la neige, fraîchement tombée, blanchissait la cime. Les troncs étaient couchés dans le plus grand désordre, et au milieu d'eux on apercevait çà et là des souches et des rejetons encore en place. Ces découvertes ne sont pas isolées ; il semble que cette nature polaire, autrefois vivante, se soit endormie à un moment donné. Elle est demeurée depuis lors ensevelie sous la glace, comme Herculanum sous la cendre ; rien n'a plus vécu dans l'extrême nord, mais aussi rien n'a changé ; l'ancien aspect demeure pétrifié, mais intact, là où le frottement de la glace ne l'a pas enlevé. En pénétrant au fond de certaines vallées écartées, en gravissant ces pentes désertes semées des ruines de la nature, c'est vraiment le sol d'autrefois que l'on foule ; ces troncs, ces feuilles, tous ces débris des anciennes forêts, n'ont éprouvé d'autre changement que celui qu'ils doivent aux eaux calcaires ou ferrugineuses qui sont venues les durcir et les incruster.

L'un des principaux gisements est situé sur la côte occidentale du Groenland, à Atanekerdluk, par 70 degrés de latitude, dans la presqu'île de Noursoak, que domine du côté de la terre un énorme glacier. Près du rivage, les tronçons de bois fossile alternent avec des lits de charbon qui ont été exploités à plusieurs reprises ; mais si l'on gravit un ravin escarpé, à une hauteur de 1,000 pieds anglais, on trouve des lits entièrement pétris de feuilles et d'autres débris empâtés dans une roche en grande partie ferrugineuse. La masse des feuilles entassées est vraiment surprenante ; des troncs encore en place, des fruits, des fleurs, des insectes, les accompagnent, et attestent qu'il s'agit bien d'une végétation développée sur les lieux mêmes. Là, selon M. Heer, s'élevait une vaste forêt où dominaient les séquoias, les peupliers, les chênes, les magnolias, les plaqueminiers, les houx, les noyers et bien d'autres essences. L'Islande aussi et le Spitzberg ont fourni mn grand nombre de végétaux aujourd'hui entièrement absents de ces parages. Ceux de l'Islande, où ne croissent plus maintenant que de maigres bouleaux et seulement dans les parties méridionales de l'île, ont donné lieu, en se décomposant, à un charbon tourbeux, nommé *surturbrand*, que les habitants utilisent comme combustible, et que séparent des lits de tuf où les feuilles ont laissé leurs empreintes. Il en est de même au Spitzberg, où des plantes marécageuses, devenues fossiles, dominent sur certains points, tandis que sur d'autres les cyprès chauves, les thuyas, les platanes, les tilleuls et les pins, encore reconnaissables, prouvent que les grandes forêts s'avançaient jusque-là sans rien perdre de leur puissance. On voit que les eaux ruisselaient autrefois sur le sol arctique, et remplissaient le fond des vallées de lagunes bordées d'une riche ceinture de végétaux arborescents.

Mais la constatation de cet ancien état de choses n'était qu'un premier pas ; il fallait qu'une science sûre d'elle-même vînt prononcer en dernier ressort sur la signification de tant de débris. Un dépouillement du dossier polaire était nécessaire pour en saisir le sens et en déterminer l'âge, c'est-à-dire pour établir l'époque avancée ou reculée, primitive ou récente, à laquelle on doit les rapporter. La tâche immense de classer les collections arctiques, dévolue à M. le professeur Heer de Zurich, a exigé de sa part des années de labeur ; mais elle a conduit à des résultats décisifs, et ce savant a constaté, en publiant toutes ces plantes, que la plupart d'entre elles appartenaient à la végétation *miocène*, végétation déjà étudiée en Europe, la mieux connue et la plus généralement répandue de toutes celles des anciens âges.

L'une des conséquences des recherches de M. Heer est la certitude, désormais acquise à la science, du non-déplacement de l'axe terrestre. Le pôle, pour mieux dire, occupait dans l'âge tertiaire le même point géographique que de nos jours. Les latitudes étaient aussi disposées dans le même ordre ; seulement toutes recevaient plus de chaleur, et par suite la ligne des tropiques remontait bien plus loin dans la direction du pôle. La différence lors de la période *miocène* peut être évaluée à 25 ou 30 degrés de latitude en ce qui concerne les régions du nord, c'est-à-dire qu'il faut aujourd'hui descendre jusqu'au 40e ou 45e degré pour retrouver la température et la végétation qui existaient alors vers le 70e degré dans le Groënland. L'immutabilité du pôle ressort de la comparaison des plantes. miocènes recueillies sur les bords du fleuve Mackensie et dans le territoire de l'Alaska (Amérique russe) avec celles du Spitzberg, de l'Islande et du Groenland. Les plantes des premières localités se trouvent séparées de celles de l'Islande et du Spitzberg par près d'une demi-circonférence du cercle polaire, et leur longitude s'écarte d'au moins 80 degrés de celles des côtes occidentales du Groenland. Cependant partout se montrent les mêmes combinaisons végétales et en partie les mêmes espèces. Ces espèces, alors comme maintenant encore, caractérisent par leur présence les régions arctiques, et quelques-unes paraissent leur avoir été spéciales. Ce n'étaient pas, il est vrai, ces rares gazons, ces plantes naines et rampantes, ces fleurs aux teintes pâles, rapidement écloses sous l'influence des courts étés de notre pôle ; ce n'était pas même cette verdure sombre et immobile que les sapins prêtent à des régions déjà plus tempérées, et dont la sévère beauté n'efface point le caractère morne. C'étaient de puissants tilleuls, des ormes, de grands érables, des houx, des bouleaux et des charmes, des aulnes et des peupliers au feuillage mobile ; c'était plus encore, puisqu'au milieu de ces arbres on aurait admiré les mêmes séquoias, les mêmes cyprès chauves qui habitent la Louisiane et la Californie, des platanes, des chênes, des magnolias et des tulipiers presque semblables à ceux de la partie méridionale des États-Unis. Cet ensemble s'étendait sans interruption, servant de ceinture au pôle *miocène*, présentant la même unité de caractère et presque la monotonie qui distinguent encore la végétation polaire, sur quelque point de son domaine qu'on aille l'observer. En effet, la conformité des conditions extérieures se traduit toujours par l'uniformité de physionomie des êtres vivants qui s'y trouvent soumis.

Voici, à propos même de cette uniformité, une remarque due à M. Heer, et qui met dans tout son jour l'esprit ingénieux de ce savant. Les plantes de l'Alaska sont trop pareilles à celles du Mackensie et celles-ci aux plantes d'Atanekerdluk pour ne pas dénoter l'existence d'un climat identique sur tous ces points supposés contemporains. Or leur latitude respective diffère d'une manière sensible ; elle est de 57 degrés pour les îles Sickta dans l'Alaska, de 65 degrés pour le gisement du Mackensie, de 70 degrés pour celui du Groenland. Une concordance aussi complète malgré un écart aussi prononcé dans la situation géographique est attribuée par M. Heer à l'inflexion des lignes isothermes, inflexion en rapport sans doute avec la distribution ancienne des terres et des mers, et qui ne serait pas sans analogie avec ce qui existe de nos jours, où l'isotherme de 0 degré s'éloigne peu du 55e parallèle dans le centre des deux continents, tandis qu'il dépasse le 70e à la hauteur du Cap-Nord.

Il ne nous reste plus maintenant qu'à suivre l'ordre des latitudes *miocènes*, en marquant le degré de chaleur assigné à chacune d'elles à partir de la plus avancée vers le nord. La moyenne annuelle du Spitzberg à cette époque est évaluée par M. Heer à un minimum de 5 degrés 1/2 centigrades ; mais il est bien plus vraisemblable de porter cette moyenne à 8 degrés, lorsque l'on considère les essences qui prospéraient alors dans cette région, particulièrement le platane et le cyprès chauve. La moyenne actuelle étant de — 8°,6 centigrades suivant les observations de M. Martins, la différence entre le climat miocène et le climat moderne serait de la degrés au moins, plus probablement de 17, en se plaçant vers le 80e degré de latitude.

Certaines essences méridionales, spécialement les magnolias, étaient dès lors exclues du Spitzberg. Ces essences se montraient dans le Groenland vers le 70e degré, c'est-à-dire dix degrés plus au sud. Les espèces de cette contrée se rapprochaient beaucoup de celles qui habitent maintenant, les États-Unis vers le 40e degré parallèle. Après une étude attentive, M. Heer assigne à cette partie du Groenland *miocène* une moyenne annuelle de 9°,7 centigrades, qu'il faut, selon nous, relever jusqu'à 12 degrés pour être dans la vérité des faits. La région où les séquoias, les magnolias, les plaqueminiers et les vignes se mêlent aux érables et aux chênes possède au moins cette température dans l'Ohio et la Californie. Le climat présumé de l'Islande à la même époque n'apporte à ces chiffres que bien peu de changements ; mais on en remarque d'évidents en atteignant le 55e degré, aux environs de Dantzig, où les plantes *miocènes* abondent dans les terrains qui renferment l'ambre jaune, cette résine fossile qui découlait du tronc des thuyas tertiaires. Ici, l'on rencontre des lauriers, des camphriers, des cannelliers, des lauriers-roses, qui s'avançaient jusqu'à la région baltique, mais jusqu'à présent aucun palmier. Cette végétation diffère peu de celle que nous avons antérieurement signalée auprès de Lyon pour la période *pliocène* ; elle indique par conséquent la même température de 17 à 18 degrés en moyenne.. La progression calorique est donc parfaitement sensible ; elle mesure un espace de 10 degrés en latitude ou 250 lieues relativement au *pliocène* ; elle équivaut à près de 400 lieues, si l'on se reporte au *quaternaire*, elle est au moins de 500 lieues eu égard aux temps actuels. Descendons un peu, plus bas, et nous trouverons des palmiers, dont la limite septentrionale à l'époque *miocène* coïncidait avec le nord de la Bohême, les provinces rhénanes et la Belgique, c'est-à-dire à peu près avec le 50e parallèle. Nous obtenons par là une moyenne annuelle probable de 20 degrés centigrades pour cette latitude. La température de l'Europe centrale et méridionale dans la même période accuse un caractère tropical, attesté par de nombreux exemples. Elle a été évaluée par M. Heer à 22 degrés centigrades pour la Suisse ; en Provence, elle témoigne de la même élévation, et ne paraît pas s'accroître d'une manière appréciable lorsque l'on s'avance plus au sud pour se placer en Grèce ou en Asie-Mineure, vers le 38e degré de latitude. Tous ces pays faisaient alors partie au même titre de la zone tropicale, peut-être moins excessive que maintenant, mais certainement plus étendue dans la direction du nord, puisque la limite boréale des palmiers, au lieu de s'arrêter au 30e ou au 35e degré de latitude [7], comme maintenant, dépassait un peu le 50e.

Le tableau climatérique que nous venons d'exposer est le plus complet de ceux que la paléontologie est parvenue à composer jusqu'ici. En ce qui concerne les périodes plus anciennes que le *miocène*, nous n'avons encore que des observations éparses ; elles suffisent cependant pour démontrer que la progression de la chaleur ne cesse pas de se prononcer dans le sens des latitudes, à mesure que d'un âge plus récent on passe à une période plus reculée et à raison même de cette ancienneté relative. Forcé de condenser en quelques pages des notions par elles-mêmes très complexes, nous avons négligé de faire voir que dans les pays où les documents étaient les plus riches, comme la Suisse et le midi de la France, la période *miocène* se montrait d'autant, plus chaude qu'on l'observait à un moment plus rapproché de son origine. Dès que l'on aborde la période *éocène*, la multiplication, l'extension des palmiers dans le nord, la présence des pandanées, des bananiers et d'autres plantes exclusivement tropicales, jusque dans l'Angleterre et l'Allemagne du nord obligent bien d'admettre une nouvelle diffusion de la zone tropicale et l'existence d'une moyenne annuelle de 25 degrés centigrades pour tous les points du continent européen où notre investigation a pu porter. Parvenu à cette limite après avoir suivi pas à pas le mouvement qui pousse vers le nord la ligne des tropiques, il ne reste plus qu'à la voir s'avancer au-delà même du cercle polaire, de manière à égaliser enfin tous les climats. C'est ce qui est arrivé effectivement, et quoique la pénurie relative des documents s'oppose à la détermination exacte du moment où le phénomène s'est trouvé accompli, l'existence même n'en saurait être douteuse, tant les indices qui viennent à son appui sont sérieux et répétés. Quoi qu'il en soit du moment précis, à l'époque de la *craie* [8], l'influence de la latitude est devenue absolument nulle en Europe ; du nord au midi de ce continent, on rencontre indifféremment les mêmes formes, dont la situation plus ou moins boréale en Moravie, en Saxe, en Silésie, en Westphalie ou dans la Suède méridionale ne se traduit par aucun caractère appréciable ; mais en même temps que l'on constate cette égalisation, on constate aussi un autre phénomène qu'il est indispensable de mentionner, puisqu'il donné peut-être la clé de tout le reste : la température ne semble plus augmenter ; elle tend à devenir stationnaire, ou du moins à osciller dans de certaines limites. Une chaleur analogue à celle des tropiques submerge alors toutes les latitudes, elle se propage jusque dans l'extrême nord ; mais elle ne dépasse pas en intensité le degré nécessaire pour faire végéter des palmiers et des pandanées, et avant ces végétaux des cycadées, des fougères et des araucarias, c'est-à-dire des plantes qui sont loin d'exiger un degré de chaleur supérieur à celui de la zone torride actuelle.

Le Groenland a encore fourni à M. Heer une preuve de l'égalisation des climats à l'époque de la *craie*. Une flore de cet âge a été observée à Rome, dans le golfe d'Omenak, par 70° 40' latitude. Ce sont en grande partie les mêmes espèces qu'en Saxe, en Bohême et en Moravie. Des deux parts, on rencontre des bois de palmier, des cycadées, des fougères tropicales, auxquels viennent, il est vrai, s'associer des plus et même des sapins. Cette association appuie l'opinion qui admet l'existence d'une chaleur modérée plutôt qu'excessive. Malgré tout, on ne saurait voir sans surprise ce mélange singulier des cèdres et des sapins avec les formes caractéristiques des régions chaudes ; il n'a du reste rien de local ni d'exceptionnel, et se présente assez fréquemment à cette même époque sur divers points de l'Europe. Il est vrai également qu'à mesure que l'on s'enfonce dans le passé, les paysages, à force de se modifier, prennent enfin une physionomie étrange, quelque chose de bizarre et d'inachevé dans les traits qui nous transporte en plein inconnu. C'est ainsi qu'en nous éloignant, toujours davantage du temps présent, nous pénétrons dans ce que l'on pourrait justement nommer le moyen âge de l'histoire du globe. L'âge *jurassique* présente ce caractère à un très haut degré. L'égalité climatérique devient alors manifeste ; elle ressort de l'observation des animaux comme de celle des plantes. Les reptiles, dont la classe dominait à cette époque, réclament une grande chaleur extérieure ; elle seule, à défaut de leur sang, qui en est privé, communique de l'énergie à leurs mouvements, et favorise l'éclosion de leurs œufs. Les végétaux jurassiques recueillis dans l'Inde anglaise font voir de leur côté que rien ne distinguait à ce moment les flores des pays voisins de la ligne de celles de nos pays, et que les différences, lorsqu'elles existent, portent sur des détails secondaires, mais non pas sur le fond.

En remontant plus haut, nous rencontrerions de nouveaux documents et de nouveaux phénomènes, mais aucun ne viendrait contredire la croyance à l'égalisation des climats par toute la terre et l'influence d'une chaleur n'excédant nulle part certaines limites. Tout porte à penser cependant, lorsque l'on aborde le temps des houilles et l'âge le plus reculé de l'histoire des êtres organisés, que, si rien n'est changé relativement à l'action du foyer calorique qui inonde la terre entière de ses effluves, d'autres changements ont dû se produire, et qu'ils furent sans doute assez profonds pour imprimer à notre globe un aspect très éloigné de celui qu'il a présenté depuis, et pour créer même des conditions d'existence dont rien ne saurait plus nous donner l'idée.

L'épaisseur beaucoup plus grande de l'atmosphère tamisant une lumière diffuse chargée de brumes tièdes et lourdes, des étendues continentales amoindries et morcelées, le globe lui-même moins contracté et occupant une plus large surface, la chaleur intérieure enfin se manifestant au dehors par certains effets et sur certains points, telles sont les causes que l'on peut entrevoir comme ayant influé sur la constitution des climats tout à fait primitifs et présidé au développement des êtres les plus anciens ; mais ces causes, si l'on peut les entrevoir vaguement, on ne saurait les analyser, tout au plus pourrait-on insister sur certains faits qui paraissent s'y rattacher plus ou moins. Non-seulement les végétaux analogues à ceux des premiers âges recherchent l'ombre de préférence, comme les fougères, mais les races d'insectes les plus anciennes que l'on ait observées sa tiennent et vivent maintenant encore dans l'obscurité, comme les blattes, les termites, les scorpions. M. Heer, à qui revient cette remarque, pense saisir dans les habitudes actuelles de ces petits êtres une tradition confuse de l'obscurité nébuleuse de ces premiers âges. La lumière, si affaibli qu'en fût l'éclat, existait pourtant, comme le prouvent les yeux réticulés des trilobites. Il est vrai que les perceptions visuelles sont souvent obtuses chez les animaux inférieurs, lorsqu'elles n'y sont pas nulles, et la disposition de beaucoup d'entre eux à fuir une vive lumière, de même que la certitude que leur existence remonte généralement très loin dans le passé, parlerait en faveur de l'opinion émise, d'ailleurs sous toutes réserves, par l'éminent professeur de Zurich. La tendance de la vie à se localiser dans les temps voisins de son apparition est encore un phénomène qui se lie à des particularités de climat. Il est certain que les régions granitiques sont vastes et fréquentes dans les alentours de l'équateur, et cependant sur ces terres demeurées à sec dès l'origine les traces d'animaux et de plantes terrestres, particulièrement les empreintes du temps des houilles, sont presque inconnues jusqu'à présent. Il se peut, suivant la belle pensée de Buffon, que la vie se soit montrée d'abord vers les pôles, et y ait été cantonnée pour ainsi dire. La région où s'est formée la houille, et au sein de laquelle une végétation opulente s'est ici-bas développée pour la première fois, ne s'étendait pas cependant jusqu'au pôle même ; une mer immense se prolongeait au nord du 76e degré, et ce n'est qu'au sud de cette limite, dans les îles Melville, Bathurst et Prince-Patrick, que l'on observe les dépôts de houille les plus septentrionaux. Une zone occupant de l'est à l'ouest toute la terre, mais que bornerait au sud le 40e degré parallèle, au nord le 70e, marquerait assez exactement les limites de la région des houilles. On sait qu'avant l'époque carbonifère les organismes terrestres ne se montrent guère, soit qu'ils aient été encore très rares, soit qu'aucune circonstance n'en ait favorisé la conservation. Les premiers êtres sont marins, ils forment dans le terrain silurien cet ensemble auquel M. Barrande a donné le nom de *faune primordiale*. Cette première faune est elle-même précédée des plus anciens vestiges de l'animalité [9]. Ici encore, les indices de localisation paraissent évidents ; les organismes primitifs se montrent de préférence dans le Canada et les États-Unis, en Angleterre, en Bohême et en Scandinavie, dans une bande qui ne s'écarte jamais beaucoup du 50e degré de latitude. Cette zone peut être considérée comme correspondant à l'équateur de la *vie originaire*, comme la région-mère où elle se serait manifestée sur notre hémisphère, pour de là se répandre de proche en proche et remplir ensuite toute la terre.

Section III

Allons-nous maintenant déterminer la vraie cause de l'élévation de température des anciens climats ? Il faudrait pouvoir la saisir ou tout au moins l'entrevoir, et jusqu'ici la science hésite entre plusieurs solutions très diverses. Elle n'ose faire un choix ; il faut être modeste comme elle, se contenter de quelques réflexions générales, suivies de l'examen critique des systèmes les moins invraisemblables par lesquels on a cherché à expliquer ce qui finira peut-être par s'expliquer de soi-même. Résumons ce qui précède.

L'universalité d'une chaleur égale, mais non excessive, par tout le globe durant la plus grande partie des périodes anciennes, la persistance de cette élévation calorique à travers bien des modifications organiques et d'innombrables variations partielles, ressortent pour nous de l'ensemble des faits et particulièrement de l'étude des végétaux fossiles les mieux connus. En effet, les fougères en arbre du premier âge n'ont pas exigé une plus grande somme de chaleur que les cycadées et les pandanées du second âge, les palmiers et les bananiers du troisième. Pendant très longtemps, c'est-à-dire jusqu'au commencement du troisième âge, les végétaux observés au-delà du cercle polaire sont pareils à ceux de notre continent, et ceux-ci ne se distinguent pas de ceux de l'Inde. L'égalité est absolue, et l'élévation n'excède pas probablement 25 degrés centigrades en moyenne, 30 degrés au plus. Rien ne change à ces deux égards ; pourtant la lumière versée a dû être d'âge en âge plus vive et plus intense. A l'égale distribution de la chaleur accompagnée d'une lumière diffuse a succédé peu à peu une distribution de plus en plus inégale de la chaleur et de la lumière. Ainsi la nuit et le jour, l'hiver et l'été, auraient contrasté de plus en plus ; les latitudes et les climats se seraient différenciés et accentués toujours davantage, mais seulement à partir d'une certaine époque. Il est curieux de constater que cette époque est justement celle où les animaux à sang chaud ont commencé à se répandre et à se multiplier. L'incubation et la gestation ont chez eux, il faut le remarquer, pour but immédiat de procurer à leurs produits une période de chaleur égale et artificielle absolument indépendante de la variation des milieux. L'ovulation est au contraire à peu près toujours extérieure, et l'éclosion dépendante du climat chez les reptiles, dont le règne précède celui des mammifères. Chez eux aussi, la ponte marque ordinairement le terme des relations entre la femelle et ses petits.

La marche de tous ces phénomènes n'aurait rien d'obscur par elle-même, si l'on ne se demandait instinctivement la cause qui a pu les engendrer. Est-ce dans la terre même, est-ce dans le soleil1 ou dans l'espace qu'il faut la rechercher ? Nous avons vu que le climat se composait de plusieurs facteurs, et qu'il suffisait de la modification de l'un d'eux pour entraîner le changement de tous les rapports. D'ailleurs on conçoit qu'il ait pu exister autrefois d'autres coefficients dont l'action combinée avec celle des premiers aurait cessé de se manifester depuis longtemps, et qui nous demeureraient inconnus. Ces causes pourtant, et c'est là ce qui doit encourager les explorateurs, ne sauraient être très nombreuses, du moins si l'on écarte celles qui sont fabuleuses ou tout à fait invraisemblables ; nous rangeons dans cette dernière catégorie une hypothèse souvent invoquée, celle de l'influence persistante du noyau central en fusion, influence supposée assez forte pour supprimer d'abord, pour atténuer ensuite les effets de la latitude. Les impossibilités de toute sorte attachées à cette opinion auraient dû la faire abandonner depuis longtemps ; aussi les meilleurs géologues n'apportent-ils aucune preuve à l'appui, ou la mentionnent sans y insister, comme s'ils en comprenaient le peu de solidité. M. d'Archiac, dans le résumé général qui termine son livre intitulé *Géologie et paléontologie* [10], se contente d'affirmer que la vie organique n'a plus dépendu que de l'action solaire, à partir du moment où la température de l'atmosphère, *cessant de participer à celle de la terre*, a perdu graduellement son uniformité première.

C'est énoncer un principe des plus vagues en ayant soin d'en esquiver les conséquences. M. d'Omalius d'Halloy [11] dit bien, il est vrai, que la chaleur centrale exerçait ; encore une grande influence sur le climat pendant l'époque tertiaire, mais il ne donne pas les raisons de cette croyance. M. Schimper a tout récemment [12] avoué que la science ne pouvait fournir à cet égard aucune réponse satisfaisante. Enfin M. Burmeister, dans son histoire de la création, fait voir que l'interposition d'une écorce solide a dû opposer depuis longtemps, peut-être même dès l'origine des êtres vivants, un obstacle infranchissable à l'action du foyer interne sur la température de la surface ; mais en revanche il croit à l'influence réchauffante des matières en fusion rejetées au dehors. Les porphyres, les basaltes et les laves successivement épanchés à la surface auraient, en exhalant leur calorique et en se solidifiant peu à peu, contribué à maintenir l'élévation de la température, et en auraient rendu plus tard l'abaissement moins rapide. Il suffit d'énoncer un pareil système pour reconnaître qu'il ne repose sur aucune base sérieuse. Les volcans sous nos yeux n'ont-ils pas, comme d'autres montagnes, leurs neiges éternelles ? A-t-on jamais pensé que les éruptions du mont Hékla aient servi à adoucir le climat de l'Islande ? Si de pareils effets s'étaient produits dans les temps antérieurs, à quelles étroites limites ne faudrait-il pas les ramener pour rester dans le vrai ? Dans tous les cas, ils seraient loin de pouvoir rendre compte des phénomènes grandioses dont nous avons exposé les phases. La difficulté n'est pas d'admettre que notre globe ait longtemps possédé une chaleur propre, capable de contre-balancer l'influence des latitudes : il en a été certainement ainsi à l'origine ; mais il est aisé de reconnaître que ce phénomène initial n'a rien de commun avec la persistance singulière d'une température tropicale sur tout le globe, et qu'enfin l'abaissement tardif et graduel de cette même température a dû dépendre de toute autre cause.

L'épaisseur énorme des terrains solidifiés les premiers, la faible conductibilité calorique des roches dont ils sont composés, enfin l'énormité du temps écoulé, sont autant d'arguments décisifs contre cette manière de voir. Du reste, si le refroidissement du globe était la vraie cause de la décroissance de la température, cette décroissance aurait nécessairement suivi une marche graduelle, et elle entraînerait pour les époques très anciennes, comme celle des houilles, une chaleur hors de toute proportion par son intensité avec ce que nous connaissons des êtres vivants de cette époque, incompatible même avec toute espèce d'organisme. La chaleur centrale, à quelque point de vue que l'on se place, ni la moindre élévation des montagnes, pas plus que la distribution géographique des terres, ne fourniront l'explication demandée. Cette explication dépend sans doute d'une cause plus générale qui plane au-dessus de toutes les autres, sans exclure pourtant les secondaires et les partielles.

Le savant M. Heer a émis l'idée que le système solaire tout entier, tournant autour de l'astre invisible qui lui sert de centre, avait pu, dans le cours de cette année incommensurable dont l'homme ne verra jamais la fin, traverser des parties inégalement échauffées de l'espace stellaire. De cette marche seraient sorties des périodes de froid et de chaleur qui se succéderaient comme des saisons, mais à des époques indéterminées. C'est là sans doute une théorie séduisante au premier abord, mais il faut songer que rien, dans les phénomènes observés jusqu'ici, ne ressemble à des intermittences marquées de chaleur et de froid. La chaleur originaire se prolonge plus ou moins longtemps, puis elle décline sans que l'on ait droit de soupçonner l'existence d'abaissements antérieurs, tandis que l'on constate aisément une succession continue d'espèces affiliées exigeant une chaleur supérieure à celle que nos zones tempérées ou froides sont maintenant en mesure de leur départir. La parfaite coïncidence des latitudes, disposées autour du pôle miocène dans le même ordre relatif qu'aujourd'hui, empêche de supposer, comme le voudrait M. Evans ; que ce pôle se soit successivement déplacé. Nous avons déjà insisté sur ce point ; mais il existe une autre hypothèse que nous ne saurions passer sous silence, parce qu'elle a été adoptée par plusieurs hommes de talent, bien qu'elle ne nous semble pas plus vraisemblable que les précédentes. Nous voulons parler de la périodicité des déluges, basée sur le déplacement lent et périodique du grand axe de l'orbite terrestre par suite du phénomène de la précession des équinoxes, d'où résulte une différence dans la longueur respective des saisons. Le cycle entier de ce déplacement mesure une période d'environ 21,000 ans. Actuellement le printemps et l'été réunis de notre hémisphère dépassent de sept jours la durée de l'automne et de l'hiver. C'est en 1248 que les saisons chaudes ont atteint leur plus grande longueur dans notre hémisphère ; elles tendent depuis à diminuer, et cette diminution continuera jusqu'à l'année 6498, où l'égalité sera rétablie entre les saisons extrêmes ; mais après ce terme, le mouvement continuant d'agir, l'hiver et l'automne empiéteront de plus en plus sur l'été et le printemps jusqu'en l'an 11784 de notre ère, après quoi une oscillation en sens inverse ramènera peu à peu les saisons vers les proportions actuelles, Il faut ajouter encore que les saisons chaudes de notre hémisphère correspondent aux saisons froides de l'hémisphère austral, et que c'est maintenant ce dernier qui supporte les hivers les plus longs. En partant de cette donnée astronomique, M. J. Adhémar, auteur des *Révolutions de la mer*, et M. H. Lehon après lui ont cru que les glaces en s'accumulant vers l'un des pôles pouvaient changer l'équilibre et déplacer le centre de gravité du globe.

Les tenues de l'hémisphère austral seraient maintenant noyées, et les sommités recouvertes de glaces, tandis que celles de l'hémisphère boréal se trouveraient presque à sec, et que les glaces n'auraient cessé de diminuer autour du pôle nord jusque vers le milieu du XIIIe siècle. Le mouvement déjà commencerait à se ralentir, et un moment viendrait où notre hémisphère, envahi de nouveau, disparaîtrait en partie sous les eaux. On conçoit les conséquences géologiques d'une pareille théorie, si elle était admise. La période glaciaire aurait correspondu au temps où les hivers de notre hémisphère ont été les plus longs, elle aurait produit ses effets les plus intenses vers l'an 9250 avant notre ère ; mais le déplacement du centre de gravité serait temporaire et périodique comme le phénomène dont il dépendrait. Le retour d'étés plus longs, en fondant les glaces de l'un des pôles, amènerait inévitablement une débâcle, à la suite de laquelle les eaux, brusquement rejetées vers l'hémisphère opposé, inaugureraient, pour lui une nouvelle ère glaciaire et balaieraient les êtres sur leur passage. C'est là ce qui serait arrivé jadis en Sibérie lors de l'ensevelissement des mammouths, et ce qui nous arriverait de nouveau lorsque les glaces de l'hémisphère austral fondraient à leur tour, circonstance qui se présenterait dans cinq ou six mille ans d'ici.

Quelque spécieuse qu'elle paraisse, cette théorie ne supporte guère l'examen. Où trouver dans le passé la trace de ces actions glaciaires qui auraient dû se succéder à de courts et réguliers intervalles ? Rien de périodique ne se remarque dans les faits de l'ordre géologique ; on observe au contraire une élévation de température bien supérieure à celle que les phénomènes dont il vient d'être question ont jamais pu produire. Afin de prouver cette chaleur supposée, dont le maximum se place forcément dans le XIIIe siècle, on est obligé de s'attacher aux traditions et aux récits exagérés du moyen âge. Les calculs auxquels on s'est livré, échafaudés sur de petits faits légendaires, sont d'autant moins concluants que le naturaliste n'ignore pas que la végétation européenne a très peu changé depuis les temps historiques les plus reculés, sinon par le fait de l'homme. L'extension des glaciers n'est pas un fait particulier à notre hémisphère ; des vestiges analogues, rapportés également à la période quaternaire, ont été observés dans l'hémisphère austral et démontrent plutôt l'universalité que la périodicité alternative de ces sortes de phénomènes. D'ailleurs, si les eaux et les glaces, par une conséquence de la *précession* se sont accumulées vers l'un des pôles en plus grande quantité que sur l'autre, ce n'a pu être que par un progrès très lent, et la fonte des glaces n'a dû aussi s'opérer que d'une façon graduelle. On ne saurait concevoir de débâcle assez brusque pour opérer un mouvement général de la masse liquides. Le froid polaire et la calotte de glace qui en résulte ne coïncident pas même avec le pôle réel ; enfin le poids total de ces amas semble trop faible pour avoir jamais pu déplacer le centre de gravité. Il faut nécessairement chercher une autre cause ou avouer l'impuissance d'en concevoir aucune.

La densité présumée plus grande de l'atmosphère aux époques antérieures doit être prise en considération. On sait comment la raréfaction de l'air amène le froid aussitôt que l'on s'élève sur les montagnes. Il suffirait sans doute d'accroître l'épaisseur de la couche atmosphérique pour la rendre capable d'accumuler plus de chaleur ; non-seulement les végétaux et les animaux des premiers âges semblent avoir vécu sous un ciel plus voilé et plus lourd, mais reflet même d'une chaleur plus concentrée serait de réduire à l'état de vapeur une plus grande quantité d'eau et d'accroître ainsi la tension de l'atmosphère. L'étude même de la géologie semble démontrer que dans le passé les pluies et les phénomènes relevant de l'action des eaux courantes ont présenté plus d'intensité que de nos jours.

L'atmosphère de son côté a perdu une grande partie des gaz qu'elle renfermait originairement, et qui se sont fixés en entrant dans la composition de différents corps. Diminuée d'étendue, elle n'a pu contenir la même quantité de vapeur d'eau, et a laissé échapper le surplus, qui est allé grossir la masse liquide. On voit que la chaleur elle-même contribuait à maintenir un état atmosphérique favorable à la déperdition lente et faible de cette même chaleur. Cependant ces propriétés de l'atmosphère des premiers âges, en les supposant vraies, obligent toujours de recourir à l'action d'un foyer calorique, sinon plus énergique que le nôtre, du moins disposé de façon à élever la température des régions polaires au niveau de celle de la zone équatoriale actuelle. Cette intensité partout égale et si longtemps persistante, l'épaisseur seule de l'atmosphère ne saurait la donner par suite de la longue obscurité des nuits du pôle, que rien ne peut compenser. En avançant du reste vers des temps plus modernes, on voit se développer des végétaux, comme les palmiers, qui s'accommodent à la fois de la chaleur et d'une vive lumière. La chaleur se maintient à peu près égale pour les hautes latitudes, alors même que l'atmosphère a enfin acquis la transparence qu'elle a depuis conservée. Les plantes tertiaires diffèrent si peu de celles des régions tropicales de nos jours, qu'elles n'ont pu vivre sous un autre ciel ; mais elles attestent en même temps la force du foyer calorique qui dans la première moitié de cet âge, étendait encore son influence sur l'Europe entière. Si rien n'avait été changé dans la situation respective de la terre et du soleil, de pareilles conditions auraient entraîné, malgré tout et d'où que vînt cette chaleur, la présence d'un climat et de saisons extrêmes, c'est-à-dire chaleur *supra-torride* à l'équateur, jour estival ardent, mais hiver sombre et glacé dans les régions polaires. Ces effets, nous le savons déjà, ne sont pas ceux que l'on observe en étudiant l'ancienne végétation polaire, où les indices d'une saison d'hiver des plus modérées ne font pas défaut jusque dans l'extrême nord. Dès lors c'est plutôt une cause d'égalisation climatérique qu'il s'agirait de déterminer, et la question se simplifie, du moins en apparence. L'inclinaison de l'axe sur le plan de l'orbite est actuellement, on le sait aussi, la cause unique de la diversité des climats et des saisons dans l'intérieur de chaque climat. Par conséquent il n'y aurait qu'à en supposer le redressement, au moins partiel, pour obtenir aussitôt l'égalité présumée, et, la densité atmosphérique venant en aide, le passé de notre globe se trouverait facilement expliqué. Il ne faut pas oublier néanmoins qu'en invoquant cette hypothèse on se heurte à d'insurmontables difficultés. Bien que la stabilité des lois astronomiques soit fondée principalement sur la connaissance de la structure récente de l'univers, et qu'à cet égard on ne puisse répondre d'événements dont la trace se perd dans la nuit des temps, rien ne saurait autoriser non plus à croire sans preuve directe que le système solaire ait jamais cessé d'être régi par les mêmes lois qu'aujourd'hui. En effet, la direction de l'axe de rotation d'un corps céleste est immuable, si d'autres corps plus puissants ne viennent le solliciter en l'attirant dans un autre sens que celui de la rotation normale, ou en troubler la marche par un choc. En un mot, sans une perturbation, très possible il est vrai, mais dont on ne saurait admettre gratuitement la réalité, cette direction ne changera jamais. En dehors donc du petit mouvement appelé *nutation*, aucun changement de cette nature ne peut être invoqué pour fournir une explication plausible à des phénomènes d'un ordre très différent. Une perturbation violente ne serait pas même acceptable dès qu'il s'agit d'une succession de faits évidemment connexes, et dont la marche lente et régulière a mis des millions d'années à se dérouler. L'axe terrestre a-t-il pu, d'abord perpendiculaire sur le plan de l'orbite, comme dans Jupiter, s'incliner peu à peu ? Pareille question n'a jamais été examinée par les astronomes, et rien, à ce qu'il semble, dans la mécanique céleste ne justifierait cette hypothèse.

Il en est autrement d'une supposition encore plus hardie émise depuis peu par M. le docteur Blandet avec l'assentiment du regretté M. d'Archiac. Elle a du moins cet avantage qu'elle s'accorde parfaitement avec les données de la célèbre théorie de Laplace. On sait que d'après cette théorie le système solaire tout entier aurait formé d'abord une immense nébuleuse qui se serait condensée en abandonnant successivement des anneaux de matière cosmique, origine des astres secondaires, planètes et satellites, tandis que l'astre central, réduit à des dimensions toujours moindres, mais plus dense, plus lumineux et plus ardent, devenait à la longue un globe pareil à ce qu'il est maintenant. Notre soleil ne serait donc que le dernier terme de la condensation d'une série de soleils antérieurs. Il en résulte qu'avant de mesurer le diamètre encore énorme de 357,290 lieues et le diamètre apparent sur notre ciel d'un peu plus d'un demi-degré, le soleil a dû passer par bien des états de grandeur réelle et de grandeur apparente. La masse très inégale des planètes, dont les plus éloignées du soleil sont aussi les moins pesantes et dont la plus rapprochée de cet astre (Mercure) est en même temps la plus lourde, semble fournir une preuve indirecte de ce mouvement de condensation de la matière solaire à travers les âges ; mais lorsque la dernière planète a été détachée de l'astre central, aujourd'hui formé d'un mélange de gaz et de vapeurs incandescentes dont l'épaisseur n'équivaut qu'au quart de celle de notre globe, le soleil était encore très loin de se trouver réduit aux dimensions que nous lui connaissons, et qu'il n'a probablement acquises que par une marche très lente. Sans doute il est impossible de savoir par quelle sorte de soleil ont été éclairées les scènes de la vie primitive. On peut cependant conjecturer que ce soleil différait beaucoup du nôtre, et l'immensité du temps écoulé permet de croire qu'il était d'une grandeur en rapport avec le terme encore très éloigné du mouvement de condensation ; auquel il n'a pas peut-être entièrement cessé d'obéir.

Un soleil égal en diamètre à l'orbite de la planète Mercure serait énorme vu de la terre. Il apparaîtrait sous un angle de plus de 40 degrés ; il remplirait à lui seul le quart de l'horizon et donnerait lieu à des crépuscules si lumineux et si prolongés que la niait en serait annulée. A plus forte raison, il en serait ! de même de l'effet des latitudes ; la zone torride, transportée sous nos climats, déborderait bien au-delà des cercles polaires. Avec un soleil n'occupant que la moitié seulement du même orbite, les mêmes effets se produiraient encore, et L'illumination des ; crépuscules compenserait, surtout au sein d'une atmosphère plus étendue, la diminution du diamètre apparent, qui excéderait encore de plus ; de quarante foie la dimension actuelle. Un semblable soleil brillerait d'une lumière plus calme et répandrait une chaleur moins vive, mais plus égale, justement parce que le foyer, en serait moins concentré ; il retiendrait encore quelques-uns des caractères de la nébuleuse primitive ; il prolongerait le jour par l'amplitude de la réfraction, et reculerait les bornes de la zone tropicale en projetant défrayons verticaux jusque dans nos régions. Sans doute cette hypothèse est loin de tout résoudre, mais elle s'adapte si naturellement aux phénomènes du monde primitif, elle fait si bien comprendre ses lois climatériques, ses jours à demi voilés, ses nuits transparentes, la tiède température de ses contrées polaires, l'extension originaire, puis le retrait de la zone torride, réduite enfin aux limites actuelles, que l'on est fortement tenté d'y croire tout en se répétant à voix basse : Serait-ce donc là l'unique cause d'une réunion si complexe de phénomènes ? En réalité, ces recherches ; touchent encore à leur début, et déjà l'esprit de l'homme voudrait tout saisir, tout parcourir, tout deviner, *nil mortalibus arduum*. Il ne s'avoue pas assez que sa nature est bornée, successive, que les élans subits, qui réussissent parfois à certains génies, sont plutôt pour le commun des hommes le signe d'une impatience nerveuse et maladive qui altère la sûreté du jugement, trouble l'analyse, et empêche de prendre la voie de la déduction patiente et graduelle. Cette voie est cependant la seule qui ne trompe jamais. Elle mènera quelque jour à travers des détours imprévus, a la connaissance directe de bien des questions, aujourd'hui à l'état de problèmes scientifiques. Celle des anciens climats est une des plus curieuses, mais une de celles aussi qui exigent le plus d'attention et de persévérance pour être à la fin comprises et résolues. Avant tout, et c'est ce qui lui a manqué jusqu'ici, il faut qu'elle obtienne le concours de plusieurs sciences combinées, réunissant leurs efforts et les faisant converger vers le même objet.

Notes

1.   Cet accroissement est évalué en moyenne à 1 degré par 32 mètres, mais les résultats donnés par les forages de puits artésiens accusent des variations d'intensité calorique très étendues. L'accroissement s'élève parfois jusqu'à 1 degré par 10 et 13 mètres de profondeur, et le phénomène, influencé sans doute par des causes locales, est loin de montrer la régularité nécessaire pour permettre d'établir un calcul général. L'existence de la chaleur intérieure n'est cependant nullement douteuse par elle-même, et les éruptions de laves en fusion démontrent que cette chaleur continue à s'élever dans des profondeurs inaccessibles à nos observations directes.

2.   Géologie de la Palestine. — Annuaire des sciences géologiques, I, p. 328.

3.   Géologie de la Palestine, — Annuaire des sciences géologiques, I, p. 282.

4.   Voyez la Revue des 13 janvier, 1er février et 1er mars 1887.

5.   C'est la période que les géologues nomment pliocène ou la partie la plus récente de l'âge tertiaire, âge dont la période miocène forme le milieu et la période éocène. La partie la plus ancienne.

6.   Ces deux lignes sont très loin d'être concentriques ; leurs sinuosités, au lieu de se correspondre, dessinent des écarts en sens inverse, enfin elles se croisent sur plus d'un point. Ces irrégularités proviennent de ce que la végétation arborescente peut se maintenir malgré des froids très violents, pourvu que la chaleur estivale soit assez intense et assez prolongée pour permettre au ligneux de se former et de se consolider chaque année. C'est ce qui arrive dans la Sibérie septentrionale, tandis que l'Ile de L'Ours et même l'Islande sont dépourvues d'arbres, parce que les étés y sont sans chaleur, bien que les hivers y soient relativement modérés. Les arbres cessent dans le Labrador dès le 57e degré de latitude, tandis que dans la Laponie suédoise on en voit encore au-delà du 70e degré.

7.   Je néglige quelques rares exceptions ; la principale nous est fournie par le chamœrops humilis ou palmier nain, qui s'avance jusqu'en Espagne et en Sicile, et se maintenait à l'état sauvage près de Nice il y a quelques années. C'est là plutôt un dernier vestige du retrait successif des palmiers, chassés de l'Europe par la rigueur croissante du climat. On sait que le dattier, dont la tige supporte sans périr plusieurs degrés de froid, ne mûrit parfaitement ses fruits ni dans l'Algérie proprement dite, ni même dans le Maroc. La région où le dattier est cultivé pour ses fruits ne commence qu'au sud de l'Atlas avec les premières oasis, et plusieurs de ces oasis, situées dans de profondes dépressions, constituent pour ainsi dire un sol artificiel où se concentre une chaleur bien supérieure à celle de la contrée environnante.

8.   La période de la craie précède la période éocène, de même que la période jurassique précède celle de la craie.

9.   Le premier de tous les êtres connus a été nommé eozon

canadense. Il a été découvert d'abord au Canada, puis en Europe, dans des roches qui étaient auparavant considérées comme azoïques, c'est-à-dire antérieures à toute vie organique. Il appartient à la classe des. infusoires et a la division des foraminifères.

10.   Paris, 1866, p. 760.

11.   Précis élémentaire de géologie, 2e édit., Paris et Bruxelles, 1868, p. 279.

12.   Traité de paléontologie végétale, I, p. 09.

ISBN : 978-1546498681

www.ingramcontent.com/pod-product-compliance
Lightning Source LLC
Chambersburg PA
CBHW061451180526
45170CB00004B/1649